# MIRACLE

## FAICT PAR LE

### BIEN-HEVREVX
### Pere Ignace,

*Fondateur de la Compagnie de* IESVS, *en la ville
de Bourbourg Diocese de S. Omer, le 15. de
Iuillet de ceste annee* 1610.

Et Authentiqué par Monseigneur le
Reuerendissime dudit lieu.

## A PARIS,

### Pour IEAN DE BORDEAVLX, Libraire
### au Palais, tenant sa boutique sus les
### degrez de la grand' Salle.

―――――――――

### M. DC. X.

*Iouxte la coppie imprimee à Paris, pour
Pierre du Crocq.*

FVNDATOR OBIIT ANNO

P. IGNATIVS DE LOYOLA SOCIETATIS IESV

DOMINI · M · D · LVI · ÆTATIS · SVÆ · LXV ·

*IACQVES BLASE, PAR LA GRACE*
*de Dieu & du Sainct siege Apostolique, Euesque de S.*
*Omer. A tous ceux qui ces presentes lettres verront ou li-*
*ront, Salut.*

OMME ainsi soit, que la veneration des
Saincts illustres, par les euenemens miraculeux qu'il plaist à la diuine bonté
d'octroyer par leur intercession, ait esté
de tout temps & en chaque siecle, &
soit encore à present vn grand ornement de la sainte
Eglise Catholique, & notoire confusion de toutes
heresies qui se trouuent perpetuellement destituées
de tout secours surnaturellemeut extraordinaire: Ce
doit estre vn soin des plus importans, que de veiller
tellement à la verification, & testification desdits miracles, que personne ne puisse ny ingerer choses fein-
ter ponr vrayes, ny cacher les vrayes sous l'obscurité
d'vn silence maling. Pour à quoy obuier & nous ac-
quiter du deu & de l'obligation de nostre charge,
Nous ayans esté aduertis par M. Martin à Leydis Li-
cétié en la sacrée Theologie, Curé de la ville de Bourbourg, de nostre Diocese, touchant certain miracle y
aduenu en la personne, & par le moyen qui se dira cy
apres, & la renommée dudit miracle s'espandant &
courant de iour en iour plus loin par nostre Diocese.
Auons à la requeste de nostre Promoteur ordonné
que l'on eust à tenir serieuse & bien exacte informa-
tion du fait pour discerner & sans contredict asseurer
si l'effect auroit esté miraculeux, & tendant à la plus

A ij

grande gloire de Dieu, veneration des Sainϛ & de
leurs ſainϛs reliques : Et à ceſt effeϛ,auons auſſi de-
puté nos deux Archidiacres d'Artois & de Flandre,
auec noſtre Secretaire & Greffier de la Cour ſpiri-
tuelle pour s'en informer deuemeut & legitimeméτ,
& puis nous en faire fidel rapport par noſtre Archidiacre d'Artois & Official.  Iceux donc ſelon noſtre
mandement, ayant apporté toute diligence,ouy teſ-
moins irrefragables, vſé toutes ſortes de recherches,
en telle matiere requiſes , & nous ayant le tout exhi-
bé:Nous encore pour plus grande aſſeurance , auons
fait conuoquer noſtre Conſeil & Vicariat pour exa-
miner ſerieuſement toutes les informations.Et apres
meure deliberation, ayans encor adiouſté autres de-
uoirs,le tout bien verifié,examiné & approuué:Auós
trouué que Antoinette Maes fille de M. Alexandre
Maes, licentié és loix & Conſeiller de ladite ville de
Bourbourg aagee de douze ans complets, eſtoit ſub-
iette à la grauelle, & rendoit ſon vrine à grande diffi-
culté , lequel mal ſe ſeroit agraué & bien plus ouuer-
tement monſtré,depuis le Noel dernier de l'an 1609.
luy cauſant apres l'emiſſion de l'vrine , des intolera-
bles douleurs de reins,principalement au coſté droiτ
Et puis allant touſiours de mal en pis,elle reſtoitdeux
trois,quatre,voire cinq & ſix iours ſans rendre ſon v-
rine ſinon par force de medecines.  Les pere & mere
à qui les extremes douleurs d'vne ſi ieune fille perçoi-
uent le cœur , ont pour ſon allegeance fait tout
ce qu'on peut en tel cas , l'ont tranſportée à Sainϛ
Omer au Docteur Ioly homme pour ſon aage
& ſcience , treſ-expert en medecine , auſſi à Berghes au Docteur Oliuarius ſemblablement aagé &
bien expert en ſon aiτ, leſquels auec M. Guillaume
Spamitius auſſi Docteur en Medecine à Bourbourg,

aprés auoir meurement par enfemble confulté ont
iugé que ladite Antoinette Maes, auoit aux reins &
en la veffie empefchement de rendre fon vrine, à
caufe de l'abondance de grauelle qui l'oppreffoit, dõt
ils tiroiẽt confequéce que tous les iours de fa vie elle
feroit fubiette à femblables peines d'vriner : & defia
fe retrouua en tel eftat qu'à peine fe pouuoit elle fou-
ftenir, & aller par la maifon, degouftée de manger,
alterée pour boire, fans toutesfois vriner finon à l'ay-
de & par la vehemẽce des medecines, lefquelles la fai-
foient bien voirement defcharger de fon vrine, mais
à tel fi que tout auffi toft elle eftoit faifie d'vne gran-
diffime douleur de reins qui pour fa vehemence luy
caufoit vne continuelle douleur au cofté, le rendant
tant douloureux que pour l'oindre des huyles pre-
fcrites par les Medecins, elle n'y pouuoit fouffrir au-
cun attouchement de main, encor que bien delicate,
mais fe falloit feruir du plus tendre bout d'vne plu-
me. Le mal s'opiniaftrant & empirant roufiours, elle
fut en vn tel accez, que neuf iours durant elle ne peut
rendre fon vrine : fi en fut elle par clyfteres & medicamens defchargée encore pour ce coup là. Mais enuiron quinze iours apres, elle eft iteratiuement &
plus griefuement que iamais retombée, demeurant
vingt-fept iours fans vriner, quoy que l'on luy fit, &
que toutes fortes de medicamens, receptes & expe-
riences y fuffent appliquées ferieufement & curieu-
fement felon l'art de Medecine, voire mefme, tout
cela luy caufoit plus de mal que de bien, tellement
que les Docteurs voyans qu'en vain ils y auroient apporté tous les remedes à eux poffibles, ont tenu fon
mal & fa vie pour defefperez, principalement la fie-
ure s'y eftant iettée de furcroit, & l'enfleure de fon
corps eftant par vne fi extraordinairement longue

detention d'vrine tellement accreuë que l'on n'en pouuoit naturellement attendre sinon vne triste & pitoyable fin.

Or ces choses allans vn tel train , d'autre costé faut entendre que le susdit sieur Alexandre Maes, pour le bon zele qu'il a de l'honneur de Dieu, auoit plusieurs fois receu en son logis le P. Theodore Rosmer de la Societé de Iesvs, quand de Berghes ( où il reside) il estoit à diuerses fois venu à Pourbourg pour y prescher, ou faire autre office selon sa vocation , dont le susdit Pere, estant venu en cognoissance des afflictions de la susdite famille, laquelle à bon droit il deuoit affectionner. Et conceuant vne ferme esperance que par les merites du B. Pere IGNACE la ieune fille receuroit guarison , pour l'y disposer mieux , luy enuoya la vie dudit B. Pere, où estoient contenus plusieurs miracles faicts par son intercession, & promit que de bref il la viendroit personnellement visiter. Il y vint peu de iours apres: venu qu'il y fust il les incita, pere , mere , & fille à se confier en Dieu, & aux merites du B. Pere IGNACE , les aduertissant qu'en leur College ils auoient quelques reliques dudit B. Pere : ce qu'entendans ils firent telle instance de les auoir qu'ils enuoyerent homme expres pour les apporter. Ce pendant le susdit Pere celebra à l'intention de la susdite fille, la mere communiant à sa Messe , priant Dieu qu'il luy pleut d'effectuer l'esperance conceuë. Sur le soir , le messager retourne & apporte en vne boite bien seellee & cachetee les reliques du B. Pere : La fille ayant satisfait à sa deuotion, & fait prieres, promit (s'il plaisoit au B. P. Ignace d'interceder pour sa guarison ) qu'elle ieusneroit toutes les veilles de sa solemnité , & que lors elle se confesseroit & communieroit. Sur les sept heures

du foir ou enuiron , lors que couroit le vingt-feptief-
me iour de la fufdite detention d'vrine , on luy mit
au col les fufdites reliques auec vn ruban fi long,
qu'elle en pouuoit toucher le lieu des reins , où elle
fentoit le plus de mal , & les y ayant bien deuotement mifes, elle s'endormit iufques à onze heures &
demie: alors elle fe refueilla auec atroces douleurs és
reins qui durent iufques aux trois heures du matin,
quand elle s'efcrira fubitemét à fon pere & à fa mere
( à la chambre defquels elle couchoit) qu'elle fe fentoit efmeüe à vriner, & ne fentoit plus fon mal de
cofté eftant deliuree de la douleur . voire mefme deuant que d'auoir vriné, ce qui eft fingulierement re-
marquable. Comme auffi ce qu'apres auoir incon-
tinent ( fa mere luy affiftant ) & toufiours depuis ren-
du fon vrine, on n'y a trouué nulle grauelle ny fablon
que l'on auoit de couftume d'y trouuer auparauant,
& n'a fenti aucune douleur ny deuant ny apres la ré-
dition d'vrine, auffi toft la fanté luy a efté renduë, l'ap
petit reuenu, l'enfleure du tout retiree, le cofté fi long
temps tant douloureux , tellement folidé , qu'elle y
enduroft tous maniemens & compreffions fans douleurs. Bref toutes les forces & functions naturelles fi
parfaictement reftablies qne le mefme iour ( qui e-
ftoit le 15. de Iuillet de l'an 1610. prefentement courant ) auec l'eftonnement d'vn chacun elle eft volon-
tairement & deuotement allée à l'Eglife pour rendre
action de graces à Dieu & au B. Pere Ignace, & là s'eft
confeffée, communiée, a entendu la Meffe entiere &
retournée en la maifon en bonne difpofition, y man-
gea de bon appetit , s'y eft bien portée , & toufiours
depuis fe porte bien, & eft prefentement deliuree de
tout mal qu'elle a eu. Ces chofes bien confiderées, &
la façon qu'elles font aduenuës, ayant veu la depofi-

tion des pere, mere, & fille, Peres de la Societé , &
d'aucuns peres Capucins, & specialement le iugemét
des Medecins, auec plusieurs autres attestatious pro-
duites de la part du Promoteur de gens dignes de foy,
& remarquables, lesquels tous en leur conscience,
nous ont declaré que la guarison de ladite fille a esté
faite miraculeusement. Le tout meurement pesé, &
eu sur ce l'aduis de nostre Conseil , & le rapport de
nostre Archidiacre & Official , auons declaré & de-
clarons ladite guarison auoir esté faite miraculeusement par l'intercession du B. Pere Ignace, & donnons
consentemét de declarer & publier ceste nostre pre-
sente declaration par tout où il appartiendra à la plus
grande gloire de Dieu, bonneur du Sainct, & edifica-
tion & cousolation des Chrestiens & Catholiques fi-
deles. Fait en nostre maison Episcopale à S. Omer,
sous nostre signature & seel le 28. Iuillet 1610.

F. IACQVES Euesque de S. Omer.
*Icy estoit le seel Episcopal.*

Vidit, & approbauit I. BVCHÆRVS S. Theol. Doctor, Tom-
censis Canonicus, & librorum censor.

*Attenta diligenti & fideli Inquisitione Reverendissimi Diœcesis*
*Audomarensis placet imprimatur, & publicetur: Datum 6. Aug. 1610.*
IOANNES CHAPEAVILLE Vicarius Leodiensis.

ET ego sacræ facultatis Theologicæ Pariensis Doctor hanc miraculosam curationem non modò
posse citra periculum , verùm & debere ad maiorem
sanctarum reliquiarum yeneratione in vulgus emitti
censeo.
IOANNES GONAVLE